AF464860

Le plus grand péril public
Du moment
Est représenté par le Phylloxéra et ses causes

DANGER
DU SULFURE DE CARBONE

EFFICACITÉ
DES ENGRAIS MINÉRAUX ET VÉGÉTAUX
MÉLANGÉS

MOYENS PRÉCIS DE LEUR EMPLOI

PAR

J.-P. MAZAROZ

PARIS
CHEZ L'AUTEUR
94, BOULEVARD RICHARD-LENOIR, 94
1879

DESTRUCTION DU PHYLLOXÉRA

AINSI QUE DE LA FUNESTE INFLUENCE

DU SULFURE DE CARBONE

8°S
1668

Le plus grand péril public

Du moment

Est représenté par le Phylloxéra et ses causes

DANGER

DU SULFURE DE CARBONE

R.F.

EFFICACITÉ

DES ENGRAIS MINÉRAUX ET VÉGÉTAUX

MÉLANGÉS

MOYENS PRÉCIS DE LEUR EMPLOI

PAR

J.-P. MAZAROZ

PARIS

CHEZ L'AUTEUR

94, BOULEVARD RICHARD-LENOIR

1879

AVANT-PROPOS

A Messieurs les Propriétaires viticulteurs et vignerons français.

MESSIEURS,

Les récoltes exagérées sans amendements proportionnels ont plus ou moins dépouillé les terres de presque tous les vignobles français, du tannin, de la potasse et de la chaux dont la nature les a dotés, substances qui leur sont indispensables pour produire le raisin.

Ces trois principaux éléments chimiques que la vigne absorbe constamment pour se nourrir et se bien porter, étant de plus en plus absents de nos territoires viticoles, la vermine les a envahis peu à peu, en commençant par la pyrale et en continuant par l'écrivain, l'oïdium, puis enfin le phylloxéra.

Ce dernier et plus terrible représentant de l'anémie de nos territoires vignobles anéantit nos richesses viticoles depuis dix ans au moins.

En thèse générale,

1° Le phylloxéra a déjà détruit trois cent cinquante millions de revenus annuels à nos propriétaires de vignes françaises.

2° Les transports de vins et spiritueux ont baissé annuellement, et jusqu'ici, d'environ deux cent millions de francs pour les chemins de fer seulement.

Malgré cela, et sans tenir aucun compte de mes avertissements, on continue à empoisonner officiellement les vignes et ceps de vignes malades, avec les substances extra-irritantes appelées les sulfures de carbone et les sulfo-carbonates divers.

Ces substances fatiguent encore plus les vignes qu'elles ne le sont déjà; elles déterminent donc un développement beaucoup plus grand du fléau pour les années qui suivent leur emploi.

Ce qui est dit ci-dessus étant l'expression de la vérité la plus absolue, on reste confondu de surprise en voyant la Compagnie Paris-Lyon-Méditerranée, employer toute son influence pour propager dans les vignes de France l'emploi du sulfure de carbone, qui augmente considérablement la perte de ses transports de vins et spiritueux du Midi.

Voici l'innocente spéculation que fait depuis plusieurs années la Compagnie Paris-Lyon-Méditerranée.

Cette riche société va gagner environ une cinquantaine de millions de francs, en affaiblissant encore davantage nos territoires vignobles par l'irritante, corrosive et puante substance chimique appelée le sulfure de carbone; puis, elle va perdre plusieurs centaines de millions de francs de transports de vins et spiritueux de plus qu'elle n'en perdrait, si elle avait employé son influence à préconiser les engrais minéraux et végétaux mélangés, à la fois insecticides et reconstitutifs, qu'indique mon procédé de traitement général et particulier pour la destruction du phylloxéra de la vigne.

Si la puissante Compagnie Paris-Lyon-Méditerranée avait demandé, en outre, une bonne loi à nos législateurs pour la conservation des oiseaux de nos campagnes, nul doute que cette loi ainsi patronnée aurait été votée de suite.

Par ces moyens,

La Compagnie Paris-Lyon-Méditerranée aurait retrouvé à bref délai ses transports de vins et spiritueux perdus; puis, cette riche Compagnie aurait eu la gloire de rendre aux propriétaires de nos vignes malades environ trois cents millions de revenus annuels perdus momentanément par eux.

Passons aux détails des faits de cette grande cause :

Les adhérents aux doctrines de M. Dumas vous

entretiennent du faux programme de l'invasion du phylloxéra, qu'ils veulent chasser et détruire au moyen d'une foule de procédés chimiques et de règlements de police; puis, ils veulent arrêter cette invasion au moyen de prétendues zones de protection inventées par leur patron.

Fatigués de leurs insuccès répétés, vous avez fini par les repousser de vos vignes, en leur disant qu'ils vous apportaient le phylloxéra avec leur sulfure de carbone et leurs sulfo-carbonates.

Et vous avez parfaitement raison en principe, car, depuis que le sulfure de carbone est employé pour soigner nos vignobles, le phylloxéra s'y trouve tous les ans en plus grand nombre.

Ce fait se produit par trois causes :

1° L'épuisement des qualités chimiques de nos territoires, que le président de la commission supérieure n'a jamais voulu admettre.

Néanmoins,

Depuis un mois il paraît fort ébranlé ; on commence en effet à organiser des conférences d'une façon occulte pour traiter ce côté de la question phylloxérique, c'est-à-dire le seul qui devait être étudié au lieu de le rejeter *à priori*.

2° Les essaimages de phylloxéras ailés qui se moquent des zones de protection.

3° L'irritation et l'échauffement que produisent

le sulfure de carbone et les sulfo-carbonates dans les terres des vignes délabrées, que l'on vous oblige jusqu'ici par la force à recevoir dans vos vignobles. Ces produits chimiques développent considérablement le phylloxéra dans les terres des vignes, parce qu'ils fatiguent celles-ci plus encore qu'elles ne le sont déjà.

Comme vous le dites si bien, les délégués des commissions vous apportent par le fait les phylloxéras dans vos vignes.

Voici comment et pourquoi.

Monsieur Dumas et ses adhérents pensent que le phylloxéra est un individu se reproduisant à des milliards d'exemplaires, qu'il s'agit tout simplement de tuer sur place pour en être débarrassé.

Ces Messieurs ne sont pas praticiens.

Tandis que vous, vous êtes des praticiens et non des théoriciens ; aussi, vous savez que le phylloxéra vient de la terre, et vous êtes en cela dans le vrai absolu.

Messieurs,

Par le contenu de cette petite brochure, j'espère vous démontrer que :

La nature ne fournit que trois remèdes radicaux pour détruire le phylloxéra dans vos vignes.

Premier remède radical.

1° Arracher la vigne et la remplacer par des herbages, sainfoins ou autres, pendant quatre ou cinq ans; puis, replanter de la vigne, que, d'ici là, on doit obtenir par des semis dans de vastes champs, afin de renouveler la force vitale des ceps.

INSTRUCTION. — *La vigne ayant épuisé la terre de ses éléments chimiques appelés la chaux, la potasse, le tannin, puis, un peu, c'est-à-dire très-peu des autres éléments chimiques dont la terre des vignes est composée, il est fort naturel que, les herbages demandant à la terre peu de ses forces végétales et presque pas des éléments chimiques nécessaires à la vigne, les terres des vignes anémiques donnent de beaux et bons herbages, tout en se reconstituant complétement par ce moyen.*

D'abord, — Pendant les cinq ans que les territoires des vignes seront en herbages, ils se reconstitueront dans d'énormes proportions par les forces naturelles, c'est-à-dire, par le soleil, les pluies, l'atmosphère, les sous-sols minéraux des territoires, etc., puis, pendant les trois ou quatre ans qu'il faudra aux jeunes pousses des semis ci-dessus indiqués pour produire du raisin dans les vignes où elles seront transplantées.

Cinq et quatre font neuf; cela représentera donc neuf ans d'un excellent repos pour les terres des vignes, puisque, pendant tout ce temps, ces terres n'auront à fournir que les éléments chimiques utiles aux herbages, étant bien entendu que ces éléments de la végétation sont ceux dont la vigne n'a pour ainsi dire pas besoin.

Deuxième moyen radical.

2° Laisser les vignes tranquilles, ne pas les tailler, arracher simplement les plus vieux ceps ainsi que les plus compromis par le fléau, puis, préparer des champs de vignes nouvelles au moyen de semis, afin de renouveler complètement les ceps qui périront dans les vignobles au repos; enfin, transplanter les jeunes pousses dans les vignes au bout de deux à trois ans.

Pendant ces années bienfaisantes, les vignes se reconstitueront par les moyens naturels de l'atmosphère, des pluies, du soleil, etc., indiqués ci-dessus, et le phylloxéra disparaîtra peu à peu par manque de nourriture et de raison d'être, au fur et à mesure que les terres se reconstitueront, grâce aux agents chimiques que les vignobles avaient perdus et qui leur seront peu à peu rendus.

Troisième et meilleur remède radical.

3° Continuer avec ménagement la culture des vignes malades, tout en traitant ceps et terrains par les engrais insecticides et reconstitutifs, à la fois minéraux et végétaux, dont les procédés pratiques se trouvent dans toutes mes brochures sur le phylloxéra, et qui, de plus, vont être très détaillés plus loin.

Ce dernier moyen est aussi efficace que les deux premiers ; il a même sur eux l'avantage de nous conserver les travaux des vignes et nos revenus, car il faut que la vigne produise pour que les vignerons nous restent et que les propriétaires vivent.

Comme auxiliaire, il faut demander énergiquement à nos législateurs une bonne loi sur le repeuplement des petits oiseaux.

Les petits oiseaux aideront merveilleusement les vignerons à se débarrasser du phylloxéra, ainsi que les cultivateurs à détruire les autres insectes nuisibles qui dévorent les récoltes de leurs champs, prés, bois et jardins.

MESSIEURS

Afin de résumer cet avant-propos, j'ai l'honneur de vous soumettre ci-dessous les principes pratiques proposés par moi au ministère de l'Agriculture, en réponse aux demandes que la loi du 22 juillet 1874 a faite aux hommes de bonne volonté.

1° *Le phylloxéra, ainsi que chacun des autres insectes nuisibles aux plantes, vient bien de l'épuisement de nos territoires viticoles, mais non d'Amérique ou d'ailleurs;*

2° *Les engrais minéraux et végétaux mélangés, représentent la seule nourriture absolument hygiénique que l'on doit donner à la terre, pour la reconstituer et dé-*

truire radicalement en même temps, les phylloxéras ainsi que les autres insectes nuisibles;

3° *Le repeuplement des petits oiseaux dans nos campagnes par une bonne loi, énergiquement appliquée, rétablira la puissance du seul auxiliaire effectif que la nature a donné au cultivateur pour défendre ses récoltes, attaquées plus ou moins, mais constamment, par les infiniment petits.*

Moyen pratique, *vu l'état d'avancement de l'épuisement des qualités chimiques de nos territoires viticoles et autres, les efforts isolés seront désormais impuissants pour nous rendre complètement nos revenus territoriaux si gravement compromis; il faut donc, à l'exemple de la Convention, décréter la victoire en organisant partout les syndicats de propriétaires ruraux, dont les travaux de sauvetage de nos richesses agricoles doivent être protégés par les conseils municipaux, puis par les préfets et sous-préfets, c'est-à-dire par l'État.*

L'ensemble des principes ci-dessus qui sont avant tout pratiques, contient bien et au delà l'esprit entier de ce que demande la loi du 22 juillet 1874. — Cela veut dire que: j'ai bien réellement trouvé le seul et unique moyen radical pour détruire le phylloxéra et empêcher entièrement ses ravages, par des procédés ÉCONOMIQUEMENT APPLICABLES DANS LA GÉNÉRALITÉ DES TERRAINS *(comme le demande la loi)* tant au point de vue de la pratique économique, représentée par les syndicats de propriétaires que je propose, qu'à celui du bon marché ; — puisque mes composts minéraux et végétaux mélangés coûtent très peu relativement aux rendements supplémentaires qu'ils déterminent; de plus, mes composts coûteront encore deux ou trois fois moins, quand ils seront fabriqués et répandus au moyen de la puissance des associations syndicales de propriétaires.

J'ai désiré avoir le prix du concours ouvert par la loi du 22 juillet 1874, ou bien, ce qui est équivalent comme résultat, obtenir reconnaissance officielle de la supériorité de mes procédés de traitement général et simultané ; — non point autant parce que je le mérite, que par le motif important, qu'aussitôt ce fait publié, les propriétaires ruraux de la France entière, appliqueraient de suite mes procédés par les moyens pratiques que je propose pour les mettre à exécution ; — alors notre fortune agricole si sérieusement menacée serait complètement sauvée à bref délai.

Il faut donc agir sans retards, délais ni atermoiements, car il s'agit bien de la principale richesse du pays; **en un mot, notre pain et notre vin quotidiens sont actuellement en danger.**

Veuillez agréer, Messieurs et chers compatriotes, mes salutations les plus dévouées.

J.-P. Mazaroz,

viticulteur.

Destruction radicale du Phylloxéra de la Vigne ainsi que de la funeste influence du sulfure de carbone.

D'où vient le Phylloxéra ? Quels sont les moyens efficaces à employer pour en débarrasser nos vignes ?

RÉPONSE PRÉCISE

A CES DEUX GRAVES QUESTIONS

EXPOSÉ

Démonstration de la supériorité de mes procédés par un fait remarquable.

Un fait, dont l'importance n'échappera à personne, vient de se produire cette année dans une certaine quantité de vignobles des départements du Midi, entre autres dans le Gard, le Var et le Vaucluse.

Quelques-unes des premières vignes de ces divers départements qui ont été attaquées par le phylloxéra il y a huit, dix et douze ans, commencent à reverdir et même à donner du raisin.

Les neuf dixièmes de ces vignes n'ont jamais été

traités avec quoi que ce soit : au lieu d'être arrachées ou brûlées par le sulfure de carbone comme tant d'autres, ces vignes ont été simplement abandonnées, soit pour les laisser reposer, soit parce que leur situation ne permettait aucun bon emploi des terrains, soit encore par faute de ressources pécuniaires de leurs propriétaires. Quoi qu'il en soit, les vignobles dont nous parlons se sont largement reposés depuis l'année de leur abandon, ce long repos a permis aux éléments naturels de les reconstituer plus ou moins complètement, en leur rendant par les pluies, le soleil, l'atmosphère, les sous-sols minéraux, etc., chacun des éléments chimiques qu'ils avaient plus ou moins perdus.

Si bien que, beaucoup de vignes attaquées les premières par le phylloxéra ont rapporté plus ou moins de raisin cette année-ci.

Le phylloxéra disparaissant des vignes par le repos pur et simple, est un évènement capital, capable de faire réfléchir M. le président de la commission supérieure, dont ce simple fait renverse le système.

Ce fait démontre encore la parfaite inutilité, pour ne pas dire le danger, de toutes les dépenses de l'État et des départements, ainsi que celles des malheureux propriétaires phylloxérés, au moyen du sulfure de carbone ; car ce toxique extra-violent administré à doses homéopathiques n'a aucun effet définitif sur les terres des vignes et leurs ceps, quand il ne leur fait pas plus ou moins de mal.

Ce fait démontre également et encore une fois l'opportunité absolue du traitement des vignes par les engrais minéraux et végétaux mélangés.

*
* *

Cette petite brochure a pour but d'apprendre et de confirmer à chacun des viticulteurs et cultivateurs que :

1° Le gribouri, la pyrale, l'oïdium et enfin le phylloxéra, ont eu et ont encore pour cause unique l'épuisement à tous les degrés des territoires de nos vignobles, depuis l'état parfaitement équilibré de chacun des éléments chimiques qui doivent composer un bon sol végétal, jusqu'à l'épuisement presque complet représenté par le phylloxéra.

2° La nature nous donne des moyens simples et topiques pour détruire radicalement le phylloxéra, ainsi que les autres insectes nuisibles; ces moyens, qu'il faut connaître et pratiquer, sont indiqués plus loin dans chacun de leurs détails.

3° Les connaissances utiles pour diriger hygiéniquement la vie des plantes et la culture des vignes, champs, prés, jardins, bois, etc., ont pour but de prévenir les maladies des végétaux. Ces maladies peuvent être facile-

R.F.

ment prévenues ou guéries, parce qu'elles viennent uniquement de l'épuisement des terres, c'est-à-dire du manque d'équilibre entre les éléments chimiques que les territoires doivent contenir dans de certaines proportions, pour fournir aux plantes les diverses spécialités de nourriture dont elles ont besoin, afin de se bien porter, produire de bons et beaux fruits, sains et en quantité normale.

Ces principes de la loi naturelle de végétation m'ont fait désigner ainsi ces procédés de traitement général des vignes malades :

Destruction du phylloxéra par l'hygiène naturelle.

Le Phylloxéra vient bien de l'épuisement des terres.

Une des tactiques générales d'exploitation du deuxième empire, qui est aussi celle des bandes noires, consistait à acheter ou exproprier à bas prix, puis faire doubler ensuite par l'agiotage la valeur des propriétés, afin de les revendre à des prix exagérés aux industriels, propriétaires, travailleurs et commerçants, qui ont fait des pertes immenses, lorsque les événements de 1870-71 sont venus faire baisser les immeubles en les remettant à leur prix normal.

Les différences ont été empochées par les spéculateurs du règne dernier.

Les besoins de consommation grandissant naturellement avec l'élévation du revenu des maisons et hôtels des grandes villes, les cultivateurs et viticulteurs de France ont voulu se mettre à la hauteur de cette situation et ont fait rendre à leurs terres des récoltes exagérées, sans comprendre qu'il fallait amender le fond en proportion de la fatigue qu'ils lui imposaient. Au lieu de cela, on a même ôté aux champs les années traditionnelles de repos qui étaient données autrefois aux territoires ruraux de France.

Alors les insectes nuisibles ont commencé petit à petit leur invasion générale, au fur et à mesure de l'épuisement de la richesse végétale des terres.

*
* *

L'absence des petits oiseaux avait déjà laissé envahir nos arbres, arbrisseaux et jardins par les chenilles. Cet envahissement a motivé la loi sur l'échenillage du 26 ventôse an IV, loi qui n'a jamais été appliquée.

Puis, vint la première maladie des pommes de terre, puis le développement considérable dans nos vignes de la pyrale et du gribouri, qui nous annonçaient déjà que

.es qualités chimiques de nos territoires vignobles com- nençaient à s'affaiblir.

Rien de tout cela ne fut compris et l'âpreté inintelligente du gain fit que les récoltes désordonnées conti- 1uèrent.

Alors, la grave maladie de la vigne appelée l'oïdium, vint et effraya tout le monde ; heureusement que le soufre la guérit, de même que les arrosages d'eau chaude avaient arrêté les ravages de la pyrale. On s'endormit là-dessus et l'on continua les récoltes exagérées sans amendements proportionnels.

Et pourtant, les insectes charbonneux des céréales qui se multipliaient partout, auraient dû nous apprendre que, les terres françaises spéciales à n'importe quelle culture, marchaient déjà d'ensemble et d'un pas accéléré vers l'affaiblissement et la ruine.

Rien d'utile ne fut fait à ce sujet.

Voilà pourquoi un grand fléau arriva sous la forme du phylloxéra pour la vigne, du doryphora pour les pommes de terre, des vers blancs et autres insectes de toute nature, qui dévorent les racines des plantes nécessaires à l'alimentation générale.

Les familles de ces derniers insectes ne sont pas même encore étudiées par les hommes officiels, qui affectent pourtant de tout expliquer et analyser au moyen de termes difficiles à comprendre par les premiers intéressés, les cultivateurs et les viticulteurs.

*
* *

Confus du développement du fléau phylloxérique, le président de la commission supérieure se hâta, pour s'excuser, de proclamer que, le phylloxéra était venu par hasard sur des cépages américains imprudemment transplantés dans le Midi depuis une quinzaine d'années seulement ! !

Voici simplement ce qu'il faut répondre à cette anodine explication, afin de rendre son auteur encore plus confus qu'auparavant.

L'histoire rapporte que :

Lorsque, vers l'an 1500, les navigateurs européens découvrirent les immenses territoires qui s'appellent aujourd'hui les États-Unis de l'Amérique du Nord, ils trouvèrent partout la vigne-land, c'est-à-dire la vigne vierge ; les rapports de ces divers navigateurs constatèrent donc que les contrées nouvellement découvertes étaient généralement favorables à la culture de la vigne,

La vigne-land d'Amérique avait, et a encore généralement des pampres diaprés par les plus belles couleurs ; les vignes de rapport qui ont suivi les vignes vierges des États-Unis, ont en grande partie et très naturellement hérité de cette qualité.

Dans le cours de chacune des années qui nous séparent

de la découverte de l'Amérique du Nord, on a invariablement apporté une ou plusieurs fois par an d'Amérique des plants de vigne aux pampres diaprés, pour en former les tonnelles des jardins des propriétaires du bord de l'Océan et d'ailleurs. Ces importations ont pénétré plus tard dans chacun des vignobles français.

L'Amérique du Nord devint une possession anglaise; puis, au bout d'un siècle de domination, les habitants des États-Unis s'affranchirent par les armes de la domination britannique, grâce à leur génie, à la valeur et à l'honnêteté de Washington, mais surtout à l'appui que leur donna une armée française sous les ordres de Lafayette et Rochambeau.

Depuis ce temps (1781), les relations de la France avec les États-Unis de l'Amérique du Nord devinrent très actives et se développèrent de plus en plus, il s'en est suivi que, des importations considérables de plants de vignes se firent tous les ans dans les propriétés des négociants armateurs et voyageurs qui fréquentaient l'Amérique et y faisaient des affaires.

Cela étant un fait indiscutable, comment pourrait-il bien se faire que ce ne soit que depuis quinze ans environ que le phylloxéra de la vigne, qui habite de tous temps les vignes américaines, se soit seulement acclimaté pour la première fois en France?

Poser la question, c'est la résoudre.

Il est donc absolument faux que le phylloxéra vienne d'Amérique ou d'ailleurs. Ce polymorphe est tout simplement l'insecte de la teigne de nos vignes, malades par le délabrement des qualités chimiques de nos territoires surmenés depuis plus de trente ans par des cultures désordonnées.

*
* *

En résumé,

L'épuisement général des terres rurales françaises leur a fait perdre beaucoup de leur valeur; les vignes phylloxérées, par exemple, se vendent en moyenne mille francs l'hectare, quand leur prix moyen était de huit à neuf mille francs lorsqu'elles étaient en plein rapport.

Phylloxérée ou non, il n'existe pas une vigne en France dont le rapport n'ait considérablement baissé par l'anémie de la terre qui la nourrit, anémie plus ou moins forte, *mais qui existe partout.*

Il n'est donc, pour ainsi dire, pas une vigne dont dont la valeur du fonds n'ait baissé de trente pour cent au minimum. Cette moins-value s'explique parfaitement, puisque les statistiques estiment de trois cents à trois cent cinquante millions de francs la baisse des revenus de nos propriétés vignobles, par le phylloxéra et l'épuisement des terres.

Les autres récoltes, céréales, pommes de terre, fruits, etc., etc., diminuent également tous les ans; les importations de plus en plus grandes de céréales et de fruits de toute espèce, de Russie, d'Amérique et d'Afrique, en sont la démonstration évidente.

Ces augmentations dans les importations se produisent justement lorsque les statistiques nous démontrent que, le chiffre de la population de nos campagnes diminue par les émigrations des ouvriers des champs, que la fertilité de nos terres ne peut plus faire vivre convenablement.

En portant l'amoindrissement actuel de la valeur des propriétés rurales de toute la France à la somme de vingt-cinq milliards de francs, je suis évidemment beaucoup au-dessous de la vérité.

* * *

Cette déplorable situation fait que, chacun se demande depuis dix ans, à l'Académie des sciences et ailleurs : Que fait-on contre le phylloxéra?

A cela, il faut répondre : RIEN, JUSQU'ICI, que de dépenser inutilement de l'argent en surexcitant encore davantage les ceps et le sol de nos vignes, déjà très malades, par les sulfures de carbone et les sulfo-carbonates.

Les bureaux des commissions officielles sont encore

en train de chercher et d'imprimer tous les argumen possibles, pour démontrer que le phylloxéra est ve par hasard, et que ce n'est point l'épuisement de n territoires qui a permis ses développements exagérés.

Tandis que, si la cause de l'oïdium avait été conn depuis vingt ans, puis celle du phylloxéra, nous aurio été débarrassés de ces deux fléaux par les engrais m néraux et végétaux mélangés.

SITUATION GÉNÉRALE DU FLÉAU

La grande majorité des viticulteurs français, tant pr priétaires que vignerons, a eu, de tout temps, l'intuiti profonde que :

Le Phylloxéra vient de la terre.

Semblables à l'homme malade, qui a presque invari blement l'intuition de la cause de son mal, mais qui es néanmoins, incapable d'en tracer le diagnostic exact détaillé, les viticulteurs français voyant leurs intérê producteurs de plus en plus malades dans la person de leurs vignes phylloxérées, ont eu constamme l'idée de la véritable cause du fléau de nos vignoble sans, néanmoins, pouvoir la définir par des formules des démonstrations précises.

Bien au contraire.

M. le chimiste Dumas, qui dirige la campagne offi-elle contre le phylloxéra depuis le début, ayant à sa ıite les commissions supérieures et départementales, a ɔnsé et pense encore que :

1° Le phylloxéra, qui dévore nos revenus viticoles, est û, purement et simplement, à une invasion transocéa-ique de ceps de vignes qui colportaient des familles de hylloxéras sous leurs écorces.

2° Les ceps de vigne américains résistant mieux au phyl-ɔxéra que les cépages français, s'est dit M. le Prési-ent de la Commission, il y a lieu d'engager fortement t officiellement les propriétaires de vignobles phylloxé-ės à acheter des cépages américains, pour les acclimater ans leurs vignes par le greffage ou la plantation.

3° Le phylloxéra n'étant que le résultat d'une invasion, continué de se dire M. Dumas, il faut purement et sim-lement le traquer, l'empêcher d'entrer et de voyager ans nos vignobles, puis, l'empoisonner par les résumés himiques les plus violents possibles ; enfin, il faut e hâter d'établir des zones de protection avec des obser-atoires pour constater sa présence et son arrivée, le out, afin de pouvoir l'arrêter au passage (1).

Après avoir fait accepter ces faux principes par les

---

(1) Voir les nombreux fascicules de la Commission supérieure du ʼhylloxéra, qui contiennent exactement les principes ci-dessus, énon-és dans beaucoup d'articles, discours, rapports et projets de lois.

membres du bureau de la Commission supérieure qui l ont été adjoints, Monsieur Dumas est parti en guerr c'est-à-dire qu'il a entrepris l'énergique campagne q nous connaissons tous contre l'insecte qu'il croit toujou américain.

Comme fiche d'encouragement, le président de la Cor mission supérieure a commencé cette expédition cont le phylloxéra avec les ressources budgétaires de l'agr culture.

1° M. Dumas a recommandé et fait recommander l achats de cépages américains dans toute la France, p de nombreux inspecteurs en titre qu'il fait nommer parr ses amis ; — des fortunes considérables, pour ne pas di scandaleuses, se sont déjà faites dans les départemen du Midi sous la protection de ces recommandatio officielles.

2° En faisant traiter des vignobles choisis par l'Ét et à ses frais, et cela au moyen des sulfures de carbo et des sulfo-carbonates divers, le président de la con mission supérieure a augmenté et développé depuis (longues années la maladie et l'épuisement de nos terr toires vignobles, attaqués par le phylloxéra.

En effet, les résumés chimiques employés, énervan et surexcitants au suprême degré, ont fait et font to les jours un mal énorme à nos ceps malades et à n territoires épuisés.

3° Enfin, M. le président de la commission supérieure a complété les effets de son insuffisance en matière de viticulture, en proposant aux propriétaires français de traiter leurs vignes phylloxérées par le sulfure de carbone, sans le secours officiel.

Il a réussi en dehors de toute prévision, grâce à l'immense publicité et autorité que donne le pouvoir, par les préfets et sous-préfets, par les journaux officieux et officiels, par les sociétés d'agriculture et de viticulture, dont les membres insuffisamment renseignés attendent les mots d'ordre de Paris, etc.,

Ah! si M. Dumas avait employé ces grands moyens d'action à soutenir la bonne cause!!

Malheureusement.

Sous l'influence des toxiques corrosifs, irritants et échauffants, officiellement employés et conseillés, le phylloxéra qu'ils détruisent partiellement, revient en nombre d'autant plus grand l'année suivante que : les terres des vignes soumises au sulfure de carbone sont infiniment plus malades après ce traitement qu'auparavant.

Il faut donc dire, au figuré :

Le phylloxéra a un temple pour le culte de sa conservation et de son développement, dont M. le chimiste Dumas est le Joad, c'est-à-dire le grand-prêtre.

L'Académie des Sciences et le Président de la Commissior supérieure du Phylloxéra.

De sourdes rumeurs parties du public éclairé s'élè-vent enfin depuis plusieurs mois jusqu'au sein même de l'Académie des sciences, dont la majorité des membres ne paraît plus considérer monsieur le chimiste Dumas comme secrétant toujours sa pensée scientifique au suje du phylloxéra.

Afin de se défendre des attaques dont il est l'objet de la part de ses collègues, monsieur le secrétaire perpé-tuel a été obligé de déclarer dans la séance du 27 oc tobre, que : — la campagne contre le phylloxéra regarde exclusivement le ministère de l'Agriculture e pas du tout l'Académie des sciences. — Par cette ré-ponse, monsieur Dumas a pris adroitement la tangente et a échappé ainsi aux justes reproches dont il ne peu tarder à supporter le poids accablant.

En effet, par le fait de sa situation à l'Académie des sciences à laquelle il doit évidemment sa position de directeur de la campagne phylloxérique, monsieur Dumas compromet sérieusement et depuis longtemps l'autorité morale du corps savant dont il est le secrétaire ; — par les fautes qu'il persiste à commettre envers e contre nos richesses viticoles, ainsi que contre l'opinion publique dont il a pu faire bon marché jusqu'ici, mais qui commence à le menacer aujourd'hui jusque dans les salles de l'Institut.

La séance du 27 octobre dernier a donc été fort importante. — L'un des académiciens, M. Bouillaud, a constaté, au milieu d'un silence approbateur, le mal considérable que le sulfure de carbone et les sulfo-carbonates divers patronnés et protégés par M. Dumas, ont fait subir à nos vignobles des Deux-Charentes.

Voici quelques-unes des remarquables paroles prononcées sur cet intéressant sujet par M. Bouillaud :

« Les vignobles des Deux-Charentes sont complétement » détruits aujourd'hui, l'inondation n'y est pas appli- » cable, les insecticides sont trop chers, et le phylloxéra » s'est surtout acharné aux points mêmes où la Com- » mission a institué ses expériences. »

(Compte rendu de la séance de l'Académie des sciences, journal *la Liberté* du 29 octobre 1879.)

Il paraît que l'un de mes avertissements si souvent répété a enfin été reconnu pour être de la plus scrupuleuse exactitude ; — à savoir que, l'arrivée des agents de Monsieur le chimiste Dumas dans des vignobles avec du sulfure de carbone, équivaut bien réellement aux désastres d'une nouvelle invasion de phylloxéras.

Destruction radicale du Phylloxéra de la Vigne, ainsi que de la funeste influence du sulfure de carbone.

TRAITEMENT GÉNÉRAL

DE

TOUTES LES TERRES VÉGÉTALES

ET DES VÉGÉTAUX

> Pas de fumier ni de purin pour la vigne, car le fumier est indigne du vin.
>
> Auguste LUCHET.

> Le fumier et le purin augmentent la quantité du vin, mais diminuent d'autant sa qualité ; en résumé, fatigue supplémentaire des vignobles et dépenses en pure perte.
>
> L'AUTEUR.

1°

Engrais frais.

Les plantes en général, et la vigne en particulier, contiennent plus ou moins du carbone, de la potasse, de la chaux, de l'acide sulfurique, de la soude, du tannin, de la magnésie, du silicium, du fer, des alcalins, de l'ammoniaque, des sulfures, etc.

Si les plantes possèdent ces divers éléments vitaux dont elles forment, colorent et parfument leurs branches, feuillages, fleurs et fruits, c'est purement et simplement parce que leur mère nourricière, la terre, les leur a donnés par la voie végétale.

Les substances chimiques ci-dessus sont celles qu'il faut rendre à la terre, lorsqu'elle est plus ou moins épuisée, puis en tous les temps de son travail procréateur, afin de réparer ses forces et de la maintenir dans un équilibre harmonieux de puissance productive, c'est-à-dire dans un état sanitaire parfait.

Ces mêmes substances sont très naturellement celles qui empoisonnent les insectes nuisibles lorsqu'elles sont rendues intelligemment à la végétation.

*
* *

En principe,

Les substances chimiques de la terre représentent la vie végétale, elles doivent donc être contraires à la mort qui est apportée aux végétaux sous la forme des insectes nuisibles.

En conséquence,

1° Les sciures de tous les bois;

2° Les écorces des arbres non attaquées par la vermine;

3° Les herbes, les foins, sainfoins, des bois, jardins, chemins, prés, landes et forêts;

4° Les fruits sauvages, ainsi que les écorces et enveloppes des noix, marrons, marrons d'Inde, etc.;

5° Les feuilles et petits branchages des arbres, haies et buissons, coupés et émondés en mai et juin;

6° Les sarments des vignes et les marcs de raisins, le plâtre et les platras, la boue des chemins, etc.;

7° Les détritus du tan des tanneries, ainsi que ceux des orges et houblons des brasseries, les cendres de bois, lessivées ou non,

Sont d'excellents éléments frais et toniques, d'un effet supérieur pour reconstituer les terres des vignes et des champs épuisées par les cultures désordonnées.

Mais il faut bien noter que :

Le plâtre et les platras, la boue des chemins, les cendres lessivées ou non, ainsi que les détritus d'usines, tels que schistes, asphaltes, goudrons, boues de pétroles, etc., etc., peuvent très bien être mélangés avec la chaux et les végétaux hachés pour les vignes très peu attaquées ou bien portantes; mais pour celles malades, il faut s'en tenir momentanément à la chaux grasse et aux végétaux hachés et sciures

de bois, comme il est expliqué plus loin; *puis, il serait excellent de saupoudrer un peu de scories de houille écrasées, ainsi que des détritus et crasses de sel marin brut. Les scories de houille donneront à la vigne du sodium, et les sels marins lui fourniront des éléments de potasse immédiatement assimilables à la végétation.*

Les détritus et crasses de sels marins bruts valent 1 fr. 50 c. et 2 fr. les 100 kilos rendus à port. — Les scories de houille n'ont presque pas de valeur.

NOTA. — *Je ne recommande ces deux derniers toniques que comme excédant de richesse d'engrais et parce qu'ils ne coûtent pas cher; mais la chaux grasse et les végétaux hachés suffisent pour reconstituer complètement et très vite nos vignobles.*

Les sciures des bois peuvent être employées telles qu'elles viennent des scieries; les autres végétaux indiqués doivent être réduits en petites cassures par des machines à hacher les herbes et branchages. Ces machines peu coûteuses sont bien connues en agriculture; elles peuvent être fabriquées partout et leurs formes sont sujettes à beaucoup de perfectionnements (1).

---

(1) Les détritus de végétaux, ainsi hachés, sont pleins de petites brisures de cinq millimètres à deux centimètres environ de longueur, lesquelles sont fort utiles pour favoriser le passage de l'air dans les composts que je conseille, lorsqu'ils sont recouverts par la terre dans les vignes. Cet avantage indique clairement que les détritus des branchages hachés, qui donnent

Les végétaux doivent, autant que possible, être hachés avant d'être secs, et renfermés ensuite dans de grands sacs en attendant leur emploi.

Avant de les hacher, il faut mettre à couvert les végétaux destinés aux engrais ; mais les branchages peuvent être fagotés et bien tassés dehors pour leur conserver le plus de fraîcheur possible jusqu'à fin novembre, époque des soins à donner aux ceps; puis, jusqu'au deuxième traitement vers la fin janvier, j'appelle ce dernier traitement la submersion sèche.

Ces deux opérations vont être expliquées en détail.

Les végétaux hachés représentent la partie rafraîchissante de l'engraissage, c'est-à-dire la partie la plus indispensable aux bonnes cultures, en ce que, les végétaux hachés rendus à la végétation par la chaux grasse, opèrent le rafraîchissement de la terre en augmentant la quantité, mais surtout la finesse de ses produits.

2°

Les engrais chauds ou toniques.

Les engrais chauds, mais surtout ceux qui contiennent les potasses, les tannins, ainsi que les éléments

---

le tannin à la vigne, doivent être mélangés généralement avec la sciure de bois, pour être rendus ensemble à la végétation par la chaux grasse, comme cela va être expliqué.

chimiques renfermés dans la chaux grasse, sont bons pour la vigne, les autres engrais toniques sont plus spécialement préférables pour les champs, à la condition expresse et générale qu'ils soient mélangés dans de bonnes proportions avec les engrais frais que je viens d'indiquer.

Néanmoins,

La chaux grasse et vive constitue l'engrais tonique qui convient à toutes les natures de sols; en outre, le feu qu'elle colporte la rend indispensable pour restituer de suite les plantes hachées à la végétation.

Il ne s'agit donc pour le viticulteur et le cultivateur que de trouver les proportions harmonieuses de mon compost à la chaux, suivant la nature, la qualité et l'état sanitaire de leurs terrains.

Pour bien faire végéter les terres, il faut le mélange harmonieux de la pluie et du soleil, c'est-à-dire du froid ou frais et du chaud; les climats tempérés sont en effet les plus fertiles.

Mes procédés qui mélangent les engrais frais avec les engrais chauds, représentent donc l'application exacte des lois de la végétation.

Une année pluvieuse noie tout.

Une année sèche brûle tout.

De par cette loi naturelle.

Les engrais chauds, employés seuls, ruinent les terres au bout de quelques années.

Les engrais frais n'ont presque jamais été employés.

Le mélange de ces deux spécialités d'engrais peut seul représenter la perfection pour la reconstitution de nos territoires, devenus plus ou moins anémiques sous l'influence des récoltes sans amendements proportionnels.

3°

La chaux grasse.

La chaux grasse et vive constitue le meilleur engrais qui existe, pour être mélangé avec les engrais frais.

La chaux grasse possède, en effet, de bons éléments pour reconstituer les qualités énergiques des terres ; mais, lorsque la chaux grasse et vive est unie aux plantes hachées qu'elle rend immédiatement à la végétation, le compost produit entre elle et ces végétaux, contient et rend à la terre les produits chimiques observés par les analyses dans la composition des plantes.

D'ailleurs,

Sans la chaux grasse et vive, les végétaux, même pulvérisés, ne pourraient être complétement rendus à la végétation que d'une année à l'autre.

4°

Traitement général et simultané.

Le traitement général des territoires épuisés au moyen des engrais minéraux et végétaux mélangés, — accompagné d'une loi énergique pour le repeuplement des oiseaux, — représente le seul et unique moyen de débarrasser promptement la France du phylloxéra, de l'oïdium, du doryphora, des insectes charbonneux des céréales et autres plantes, ainsi que de l'anémie dont toutes les terres françaises sont plus ou moins atteintes.

Pour mettre à exécution mon système, il faudrait, comme je le demande, syndiquer les propriétaires ruraux, puis, organiser l'association des intérêts communs aux agriculteurs, dans et par les conseils municipaux de toute la France.

Les présidents de nos commissions paraissent, non-seulement peu disposés à organiser le sauvetage complet et absolu de nos richesses agricoles par ce moyen décisif, mais encore ils n'ont pas même l'air de comprendre que ce moyen existe et qu'il peut être employé.

Il faut donc s'occuper du traitement de détail.

A cet effet, et sans attendre que l'on veuille bien nous aider à sauver notre pain et notre vin quotidiens, menacés et attaqués par les infiniment petits, je donne ci-après le traitement simple et peu coûteux au moyen duquel les cultivateurs français peuvent détruire à bon marché les phylloxéras, doryphoras et autres maladies de leurs vignes et champs, tout en reconstituant les forces végétales de leurs propriétés.

Nota. — *Indépendamment de mes études sur les lois générales de la végétation, j'ai, par moi-même, la preuve matérielle de l'épuisement de nos territoires viticoles.*

Mon domaine vignoble du Jura a rapporté jusqu'à **quinze et seize mille francs** *il y a une vingtaine d'années; — depuis, le rapport annuel a baissé peu à peu par l'épuisement graduel des qualités végétales des terres, pour atteindre à peine aujourd'hui,* **quatre à cinq mille francs** *de récoltes par an; — et pourtant, mon vignoble n'est pas phylloxéré, non plus que ceux des cantons voisins du mien. — La base marneuse des terres végétales de nos contrées ne convient pas au phylloxéra; mais nos territoires sont fort épuisés, car nous sommes de plus en plus dévorés par l'oïdium que nos vignerons appellent de ce nom sinistre :* **la maladie.**

Depuis vingt ans, j'ai suivi pas à pas dans mon do-

maine et dans beaucoup de pays vignobles que je visitais périodiquement, la marche progressive de l'affaiblissement de nos territoires viticoles, sans pouvoir jamais rien faire d'utile contre ce fléau, grâce à la routine de nos vignerons qui persistent à cultiver la vigne par tradition, exactement comme au siècle dernier.

Que voulez-vous, on n'apprend rien à ces braves gens et l'on ne s'occupe pas d'eux !

Ayant été impuissant contre la routine, j'ai parfaitement vu que tout progrès, dans la viticulture comme ailleurs, doit venir de la tête, c'est-à-dire du gouvernement ; — cette conviction profonde m'a fait demander au ministère de l'Agriculture les syndicats de propriétaires, soutenus et protégés par l'État et les municipalités.

Serai-je seulement entendu ?

Lorsque mon domaine rapportait quinze mille francs de vins, il était grevé annuellement de trois cent cinquante francs d'impôts fonciers, — aujourd'hui qu'il rapporte quatre fois moins, ses impôts fonciers sont de 650 francs par an !!

Il est fort heureux que mes travaux industriels fassent vivre ma famille sans le secours du revenu de mes vignes ; je n'ai donc besoin de rien : — mais il y a environ cent mille petits et moyens propriétaires en France, qui n'ont rien autre chose pour vivre que les récoltes de leurs propriétés épuisées, — c'est à ceux-là et à leurs ouvriers qu'il est bon, humain et patriotique de penser.

Sans les syndicats de propriétaires, puis, sans l'assistance municipale et même préfectorale, les vignerons de nos pays ne pourront pas reconstituer les forces de leurs territoires, quand même ils en auraient la bonne volonté; — les moyens d'action manquent absolument pour cela; il faut donc les créer, chez nous dans le **Jura** *comme partout ailleurs, parce que les efforts isolés sont absolument impuissants pour accomplir cette œuvre réparatrice; — une vigne qui coûterait cent francs à reconstituer par l'association communale, coûterait bien certainement quatre à cinq cents francs à un propriétaire isolé, pour obtenir à peine un résultat semblable.*

Cette dépense serait encore bien minime comparativement aux résultats que l'on obtiendrait.

L'épuisement des qualités chimiques de nos territoires et le phylloxéra, qui en est la conséquence, nous démontrent donc une fois de plus, mais sous une face toute nouvelle, c'est-à-dire sous une face complètement pratique que :

L'union fait la force des intérêts producteurs, tandis que l'isolement représente la mort pour eux, ou au moins leur languissement.

UN PARTI PRIS

Ainsi que je l'ai annoncé publiquement, j'ai tenté l'expérience victorieuse de mes procédés de destruction du phylloxéra, malgré que leur simple énoncé indique clairement leur efficacité.

J'ai rencontré partout la résistance.

« **Le gouvernement est tout entier au sulfure de carbone** », m'écrit un honorable pharmacien du Bordelais, « **il n'y a rien à faire de ce côté** ».

En effet, du moment qu'il ne s'agit pas de sulfure de carbone, les commissions de vigilance du phylloxéra ferment leurs portes et leurs oreilles dans presque chacun des arrondissements français; — on dirait vraiment que la mort de nos vignobles a été décrétée.

Voyant cette espèce d'ostracisme, j'ai sollicité un laisser-passer officiel sur les chemins de fer, afin de tenter de me faire écouter dans les arrondissements phxlloxérés, par la protection de cette mince attache à la Commission supérieure : j'ai écrit au ministère à ce sujet, mais sans aucun succès.

Et pourtant, j'avais déclaré depuis déjà longtemps que je paierais de mes deniers les frais entiers de l'engraissage insecticide des vignobles que l'on me désignerait, si je ne réussissais pas complètement à les guérir.

Je n'ai donc pu organiser nulle part un exemple du traitement phylloxérique au moyen de mes procédés, par la raison qu'un homme ne peut rien contre une institution gouvernementale.

APPLICATION GÉNÉRALE ET PARTIELLE

DU TROISIÈME ET MEILLEUR REMÈDE RADICAL.

Le viticulteur doit mettre suffisamment de chaux grasse dans le compost de mon procédé, pour que la partie d'engrais végétaux qu'il emploiera, soit rendue à la végétation dans un délai normal. Cette dose obtenue, le plus ou moins de chaux en sus dépendra de l'état des ceps et des terres, au bon jugement du praticien.

A.

Traitement des ceps à la fin novembre.

Quand la végétation est complètement arrêtée, lorsque la terre se recueille pour ainsi dire; en un mot, vers la fin novembre ou le commencement de décembre, le moment est arrivé de commencer utilement le traitement des ceps de vigne malades et même de ceux qui ne le sont pas encore.

Traitement. Il faut arracher les ceps par trop atteints surtout s'ils sont vieux, puis, creuser une petite cuvette autour des ceps que le vigneron juge comme n'étant pas trop affaiblis par les attaques du terrible pou de la vigne; cette cuvette, d'environ 20 à 25 centimètres de rayon, ne doit pas dépasser en profondeur ce que le vigneron appelle le collet du cep.

Autour de chaque cep ainsi déchaussé, il faut entasser des végétaux hachés avec des sciures de bois; le tout mélangé dans une partie égale de graviers de chaux grasse et vive pour faciliter la décomposition, sans oublier de faire préalablement fuser la chaux une huitaine de jours à l'air et à couvert, afin de ne pas brûler le cep.

Le mélange à moitié de la chaux fusée et des végétaux hachés est bon pour les ceps les plus forts; les plus faibles doivent avoir la proportion de chaux réduite au tiers du volume total et même quelquefois au quart, selon le jugement du praticien.

Lorsque le récipient de chacun des ceps est plein du compost ci-dessus, il faut couvrir un peu le tout avec de la terre de vigne.

Les neiges et les pluies d'hiver produisent peu à peu la décomposition des détritus végétaux autour des ceps par la chaux qui est mélangée avec eux, puis, l'infiltration dans les souches, racines et radicelles de chaque cep, du carbone et autres éléments chimiques contenus dans les détritus végétaux, enfin, celle des sels alcalins contenus dans l'oxyde de calcium, qui est la chaux grasse; cette infiltration générale rafraîchit et fortifie à la fois le cep et la terre, ensuite elle détruit les deux espèces de phylloxéra qui habitent les ceps et leurs racines pendant l'hiver.

B.

Échaudage et engrais général du cep.

Fin janvier il faut couper les sarments courts, afin de modérer la fatigue que la végétation doit donner la première année aux ceps malades et à la terre épuisée.

Puis, et avant que la vigne ne pleure, répandre un bon litre d'eau de chaux autour de chaque cep, ou plutôt sur chaque cep, avec un arrosoir sans sa pomme, en versant à environ 30 centimètres au-dessus du sol et descendant le long du bois; l'eau de chaux se répand ainsi suffisamment tout autour du cep et glisse ensuite le long des racines et radicelles, qu'il atteint toutes. (*Ne pas verser de chaux sur les parties taillées.*)

L'eau de chaux doit être chauffée de 90 à 100 degrés.

Il faut deux chaudières, en forte tôle et à anses, pour pouvoir les transporter facilement avec deux bâtons de bois, poser ces deux chaudières sur des trépieds, sous lesquels on fait le feu pour chauffer l'eau dont on remplit les chaudières, en y ajoutant quelques pierres de chaux grasse qui fusent dans l'eau chauffée.

Deux vignerons exécuteront la besogne du chauffage, du fusage et du transport des chaudières et trépieds le long des chemins des vignes; puis, quatre ou cinq adolescents feront le service de l'arrosage des ceps avec des arrosoirs proportionnés à leurs forces, et dosés, afin de ne pas mettre plus d'un bon litre d'eau de chaux à chaque souche.

*
* *

L'échaudage pratiqué comme il est dit ci-dessus, c'est-à-dire de suite après la coupe des sarments et avant le moment où la vigne pleure, détruira complètement les œufs d'hiver que les phylloxéras femelles déposent généralement sous les écorces des souches et ceps.

En outre, l'échaudage rendra inutile le nettoyage des ceps de vignes qui se pratique dans chacun des vignobles bien tenus.

Si bien que,

Déduction faite des économies que l'échaudage apportera dans la culture des vignes, ce travail, bien dirigé, ne coûtera pas plus d'un demi-centime par cep; quand bien même il coûterait un centime par souche, cette dépense ne serait rien en comparaison des services immenses que l'échaudage rendra à la santé de la terre et au bon rapport des ceps, qu'ils aient simplement l'oïdium, qu'ils soient phylloxérés, ou que les vignerons voient seulement leurs récoltes s'amoindrir peu à peu sous l'influence de l'épuisement des terres.

Je dirai plus.

L'échaudage, avec le dépôt de détritus végétaux et de chaux grasse fusée, me paraissent même nécessaires pour le bon entretien des ceps de vignes bien portants. Ce soin annuel conservera leur vigueur, les rendra plus résistants contre la gelée et le coulage, constituera des récoltes plus régulières en quantité et surtout en qualité, et défendra efficacement les vignobles contre les attaques des parasites.

C

Reconstitution des forces végétales, par mes engrais minéraux et végétaux mélangés.

Après les travaux de l'échaudage, mais surtout avant le moment du réveil de la nature, c'est-à-dire avant le commencement de la végétation générale, il faut travailler la vigne pour le premier coup d'hiver en la défonçant un peu mais sans déranger le compost qui est autour des ceps ; puis, mettre de côté la terre de la superficie des vignes afin d'en recouvrir le compost général suivant, après qu'il aura été répandu sur tout le sol, hors les vingt ou vingt-cinq centimètres de rayon autour des ceps contenant le compost échaudé.

D

Ma submersion sèche.

De même que je l'ai expliqué dans mes ouvrages, **ma** submersion sèche est représentée par une couche de quatre à cinq centimètres de détritus végétaux, bien hachés, et mélangés à moitié avec des graviers de chaux vive non fusés, le tout répandu sur le reste du sol des vignes **(sans jamais toucher le cep)**, puis un peu tassés et recouverts par la terre qui aura été mise de côté à cet effet.

Les pluies et les neiges de la fin de l'hiver feront fuser la chaux grasse et vive, laquelle décomposera et rendra à la végétation par des infiltrations bienfaisantes et générales dans la terre des vignes, les sulfates, potasses, carbones, tannins, sels alcalins, fers, soudes, etc., que contiennent la chaux et les détritus végétaux qui couvriront le sol (1).

---

(1) Un léger saupoudrage de scories de houille et de détritus et crasses de sels marins (*ce qui n'est pas indispensable*) enrichirait pourtant beaucoup le sol et hâterait sa reconstitution.

Ces infiltrations nourriront plusieurs mois durant la terre des vignes et lui rendront ses forces perdues par les cultures désordonnées ; en outre, chacun de ces produits chimiques détruira les phylloxéras et autres insectes nuisibles qu'ils atteindront tous, puisque les infiltrations, résultant par les neiges et pluies des détritus végétaux et graviers de chaux grasse et vive, seront, en résumé, une espèce de rosée générale qui s'infiltrera goutte à goutte dans toute l'étendue de la terre, en finissant par atteindre les plus grandes profondeurs.

Ce système d'engrais, est réconfortable en même temps que bienfaisant pour la terre, c'est-à-dire qu'il est calmant et fortifiant à la fois ; il n'a rien d'irritant comme la chaux seule, mais surtout comme les sulfures de carbone et les sulfo-carbonates, qui produisent exactement sur les plantes et sur la terre, un effet semblable à celui de l'alcoolisme sur le corps des malheureux du bas-fond des sociétés qui le pratiquent.

Enfin, ces engrais naturels se trouvant partout, coûtent très-peu et ont l'avantage de rendre à la terre des vignes les éléments végétaux qui lui sont sympathiques, puisque ces derniers étant employés dans les vignes d'une commune, auront poussé sur le territoire de cette même commune, ce qui veut dire dans la même zone et sous les mêmes climats.

Il faut donc bien noter que :

Lorsque l'on engraisse et reconstitue des vignobles par mes procédés, il faut, autant que possible, mélanger les végétaux hachés que l'on emploie, avec toutes les espèces de détritus végétaux que l'on peut recueillir dans les environs du vignoble que l'on soigne; car, par ce moyen, on restitue en quelque sorte aux territoires des vignes, le bouquet complet de chacun des éléments chimiques qu'ils ont plus ou moins perdus par les cultures désordonnées.

Néanmoins,

Pour les premiers traitements des ceps et de la terre dont les dates sont prochaines, il faut prendre les engrais frais qui se trouveront sous la main, tels que sciures, foins, herbages, branchages, etc.

E

Irrigation des vignes basses.

Je ne saurais trop répéter ceci :

La submersion pendant plusieurs mois d'hiver dans les vignes basses où elle est possible, représente le plus excellent des reconstituants et des insecticides pour la terre et les ceps, surtout si l'on met un peu de chaux grasse et vive dans les terres après le retrait des eaux.

F

Coût des engrais végétaux décomposés par la chaux grasse.

La dépense de l'engrais général de la terre des vignes qui constitue **ma** *submersion sèche*, déduction faite du coup d'hiver qui en fera partie et que le vigneron doit dans tous les cas à sa vigne, ne coûtera pas plus d'un centime par distance de cep à cep.

Dans ce prix, je ne compte pas les végétaux hachés ni la chaux grasse, que je regarde comme étant dus à la vigne en compensation du vin que la terre des vignes fournit; cela veut dire que je considère les prix d'achats et le travail nécessaire pour préparer les végétaux hachés et les graviers de chaux grasse et vive pour pratiquer l'engrais reconstitutif par la submersion sèche, comme une dépense obligatoire.

Je ne fais donc pas entrer ces dépenses en ligne de compte, par la raison que, les propriétaires ont encavé les vins dont le rendement supplémentaire a nécessité la reconstitution du sol dont ils sont sortis; puis, parce que les vignes bien portantes rapporteront le double et plus de la valeur qui leur sera donnée par mon système d'engrais.

G

Traitement préventif ou régime hygiénique de la vigne.

Premier principe de la végétation générale.

De même que le corps de l'homme, chacun des éléments producteurs de la Nature a besoin de se reconstituer périodiquement, en un mot, de se nourrir, pour réparer et entretenir les forces qu'il a employées à produire les choses que la mère universelle, qui est la Nature, lui impose de produire constamment, mais raisonnablement.

Mon système de traitement particulier et général des vignes, diffère essentiellement de ceux des autres inventeurs, parce qu'aucun d'eux n'admet la collaboration obligée d'un système continu et général d'engrais minéraux et végétaux mélangés, afin de réparer, année par année et jour par jour, pour ainsi dire, les forces que la terre perd en produisant les fruits divers des végétations en général, mais encore et par dessus tous les autres, les fruits de la vigne.

Les fruits de la vigne étant les plus fins, demandent naturellement plus à la terre que ceux des autres végétaux.

Deuxième principe général de végétation

Les végétations terrestres sont des actes vivants de la Nature; elles sont donc accomplies avec la collaboration d'êtres vivants. Or, de même que le corps de l'homme, le corps de tout ce qui végète sur la terre porte en lui-même les éléments de la vie et de la mort. Cela veut dire que les végétations terrestres sont accomplies par des insectes utiles qui en sont les collaborateurs et éléments vivants ; de temps en temps les plantes sont attaquées par des insectes nuisibles, qui sont les éléments vivants des principes maladifs que leur impose la plus ou moins grande faiblesse des territoires sur lesquels elles habitent.

De plus, la Nature a mis là, comme partout, une troisième personne aidant au travail de la végétation générale pour débarrasser cette dernière du trop-plein de ses parasites, afin d'augmenter ses chances de vie et de santé.

Cette troisième personne de la végétation générale est représentée par les petits oiseaux des champs, dont je demande de protéger l'existence et la quantité normale dans nos campagnes par une bonne loi, qui devrait être appliquée énergiquement.

Troisième principe de la végétation générale

L'épuisement des forces de la terre par les cultures exagérées et sans amendement proportionnel, se traduit invariablement par l'augmentation du principe morbifique de toutes les végétations, principe représenté par les divers insectes nuisibles, qui sont rangés par familles et spécialités, correspondantes à la nature d'épuisement des divers territoires producteurs.

* * *

En conséquence,

La reconstitution des terres épuisées, l'amendement des terres fatiguées, ainsi que l'engraissage continu et régulier des terres bien portantes qui travaillent continuellement pour donner à l'homme ce dont il a besoin, représentent, dans une saine et raisonnable pratique, la seule planche de salut de la viticulture et de l'agriculture en général de notre époque, qui continueraient sans cela à marcher vers la ruine.

* * *

Je crois utile de terminer cette dernière brochure par deux protestations que j'ai l'honneur de soumettre aux divers intéressés à la conservation de nos richesses agricoles.

H.

La conversion de Monsieur le chimiste Dumas n'est pas encore un fait accompli.

Ceux qui ont lu mes diverses brochures sur la destruction du phylloxéra doivent parfaitement se souvenir que :

Je conseille les **syndicats de propriétaires** dans toutes les communes de France, pour organiser et exécuter la reconstitution générale de nos territoires viticoles et même agricoles, au moyen des engrais minéraux et végétaux mélangés.

Les syndicats de propriétaires ruraux protégés par les conseils municipaux que j'ai conseillés comme étant le côté pratique de mes procédés contre le phylloxéra, représentent **l'application économique** demandée par le texte même de la loi du 22 juillet 1874.

Nous allons voir que le président de la Commission supérieure du phylloxéra a trouvé l'idée heureuse, puisqu'il me l'a fait emprunter par la Direction de l'agriculture.

On lit en effet dans les grands journaux des 19 et 20 octobre 1879 :

« **Le gouvernement vient de faire savoir aux pro-**

» priétaires de vignobles attaqués par le phylloxéra » que, dans toutes les communes où ils voudront **SE** » **SYNDIQUER** (1), il fera les frais du traitement par » le sulfure de carbone, le seul qui, avec les irriga- » teurs, ait donné jusqu'ici de bons résultats.

» Les vignobles malades seront traités par les » agents du ministère de l'agriculture, et les pro- » priétaires n'auront d'autres charges que le rem- » boursement de la moitié des avances qu'il aura » faites, calculées à raison de deux cents francs par » hectare.

» C'est à Monsieur l'Inspecteur général de Lappa- » rent qu'a été confiée la conduite de cette impor- » tante opération. »

Par cette déclaration ministérielle,

On voit que la cause de la présence persistante du phylloxéra dans nos vignobles français ne réside pas seulement dans l'épuisement des forces chimiques de nos territoires viticoles, mais qu'elle existe encore et surtout dans l'esprit du président de la Commission supérieure du phylloxéra qui dirige toute la campagne.

Je vais analyser cette décision gouvernementale afin de chercher à connaître la pensée de ceux qui l'ont provoquée.

---

(1) N'ayant reçu aucun avis, je pense que Monsieur Dumas n'a pas songé à remplir ce devoir.

*
* *

Supposons un instant que le sulfure de carbone soit réellement hygiénique pour les vignobles phylloxérés, au lieu de déterminer comme il est dit plus haut sur leurs ceps et territoires, l'effet que l'alcoolisme produit sur le corps d'un malheureux qui s'y adonne.

Au prix du sulfure de carbone, de son transport et du coût énorme des instruments utiles à son introduction dans la terre; puis, au temps, aux soins et aux précautions sanitaires à prendre pour ce travail, deux cents francs de sulfure de carbone par hectare ne représentent pas le quart de la dépense qu'il faudrait faire pour obtenir un effet sensible, — il en faudrait évidemment huit fois plus pour produire un effet général.

Les rapports sur les essais de traitement par le sulfure de carbone dans les vignes parlent de 80, 100 et 144 grammes par mètre carré; beaucoup de ces rapports recommandent même de renouveler ces traitements peu de temps après le premier, afin d'assurer le succès *complet* de l'opération!!

Le prix du sulfure de carbone étant de 45 francs les 100 kilos, il faut bien compter 20 francs d'autres frais par 100 kilogrammes de sulfure de carbone à introduire par petits trous jusqu'au fond des terres des vignes;

afin de rester beaucoup au-dessous de la vérité, mettons que le tout coûte 50 francs seulement les cent kilos. Pour 200 francs on aura donc 400 kilos de sulfure de carbone. Or, comme il y a au moins seize mille ceps de vigne dans un hectare de terre, chaque cep recevrait autour de lui 25 grammes de sulfure de carbone!!

C'est tout simplement dérisoire.

En effet, à 150 et 200 grammes par mètre carré, il faut recommencer l'opération tous les ans sous peine d'effets nuls (**telle est la déclaration générale de ceux qui opèrent avec ce toxique**). Dans ce cas, à 25 grammes par cep, il faudrait recommencer tous les mois.

Ceci est de la dernière logique.

En faisant indiquer une dépense générale de 200 francs par hectare, Monsieur Dumas semble avoir désiré bien plus s'arrêter à un prix acceptable, qu'il ne parait avoir visé un effet quelconque.

Comme il existe en ce moment environ un million d'hectares de vignes très largement phylloxérés, cette opération serait fort belle, si la moitié seulement de leurs propriétaires se laissaient aller à l'espoir hasardé de rentrer dans les revenus de leurs vignobles phylloxérés, que cette déclaration officielle semble leur promettre.

L'opération serait d'autant plus magnifique que, le sulfure de carbone s'évaporant presque de suite, il faut constamment recommencer son introduction, exactement comme pour remplir le tonneau des Danaïdes.

Par ces divers motifs;

Monsieur le président de la commission supérieure du phylloxéra est cause que le gouvernement égare réellement et à double titre ses contribuables sur leurs intérêts producteurs, ce qui équivaut à dire que le gouvernement agit contre ses propres intérêts.

En effet, les viticulteurs ruinés par le fléau phylloxérique ainsi que par le deuxième fléau appelé sulfure de carbone, ne pourront pas payer leurs impôts aussi facilement que par le passé, à l'État et aux communes.

I

M. Dumas et les inventeurs de remèdes phylloxériques.

M. Dumas a provoqué la loi du 22 juillet 1874, qui accorde un prix de 300,000 francs au citoyen qui trouvera un moyen pour détruire le phylloxéra ou en empêcher les ravages.

Cette bonne pensée a fait croire au premier abord que M. le Président de la Commission supérieure allait accueillir avec bienveillance, sinon tous les hommes de bonne volonté dont l'intelligence n'est pas à la hauteur des intentions, au moins ceux qui auraient dit quelque chose d'utile et de pratique au sujet du fléau de nos vignobles; point du tout, car M. Dumas, ancien ministre de l'Empire, traite la question du phylloxéra à l'impériale, en effet, les inventeurs qui ont dit des choses insignifiantes sont évincés en masse dans les fascicules de la commission supérieure; — quant à ceux qui ont dit de bonnes choses, il n'en est point parlé; M. Dumas, le glaneur par excellence des idées des autres, se contente simplement d'emprunter çà et là ce qui lui convient dans leurs procédés et tout est dit.

Dans la Préface des quatre dernières éditions de mon principal mémoire sur la destruction du phylloxéra, j'ai raconté un peu trop brièvement, peut-être, comment M. Dumas avait cru devoir utiliser, en 1875, l'invention d'un intelligent propriétaire, M. L. Morlot, au Saut-le-Cerf, à Epinal (Vosges).

En 1874, M. L. Morlot avait trouvé l'emploi à l'état **allopathique**, — (*bien entendu, puisque M. L. Morlot est un praticien*) — des sulfates et des carbonates, qu'il appliquait au moyen de la chaux du gaz pour détruire les insectes nuisibles de ses vignes et jardins. Cet inventeur fit un mémoire sur sa découverte et l'envoya à M. Dumas. Omettant d'accuser réception à M. L. Morlot,

M. Dumas employa simplement cette méthode, mais, selon son habitude, en annulant complètement son efficacité relative : — C'est-à-dire, qu'il conseilla d'appliquer **homéopathiquement** les sulfates et carbonates de chaux et autres, préconisés par M. L. Morlot, et les appela simplement *sulfo-carbonates divers.*

M. Dumas ne s'est jamais douté que, si la nature nous donnait la pluie et le soleil à doses homéopathiques, rien ne pousserait sur la terre et nous aurions par conséquent la famine universelle.

M. L. Morlot a publié (*comme je l'ai dit*) une brochure quelque peu énergique sur ce sans-gêne de M. Dumas.

Il paraît que l'antagoniste de tous les vrais inventeurs de remèdes contre le phylloxéra est bien certain de sa toute-puissance, car il a étouffé les effets de la brochure de M. L. Morlot et empêché que ce remarquable viticulteur fasse partie du comité de vigilance dans son arrondissement d'Épinal.

L'un des plus intelligents défenseurs de la bonne culture des vignes, le bon et honnête M. **Sybillin**, d'Apt (Vaucluse), a vu également la plupart, pour ne pas dire toutes ses remarquables dissertations sur la maladie phylloxérique et ses causes, jetées de côté par le proconsulat du phylloxéra au fur et à mesure de leur arrivée au Ministère : j'en laisse de côté et des meilleures.

Malgré la bonne volonté des grands corps de l'État, on

voit que, les mœurs administratives de la période impériale persistent çà et là à se maintenir.

Le fait serait évidemment fort original à étudier au point de vue physiologique, s'il ne s'agissait de la principale fortune de la France qui court les plus grands dangers, par la nature même des causes de la maladie phylloxérique, d'abord; mais surtout par l'inintelligente direction donnée depuis tant d'années à la campagne officielle contre le terrible fléau de la vigne.

Paris, 31 octobre 1879.

BIBLIOTHÈQUE NATIONALE R.F. IMPRIMÉS

TABLE DES MATIÈRES

BN IMPRIMÉS

IMPRIMERIE CENTRALE DES CHEMINS DE FER. — A. CHAIX ET Cie, RUE BERGÈRE, 20, A PARIS. — 19728-9.

IMPRIMERIE CENTRALE DES CHEMINS DE FER. — A. CHAIX ET Cie
RUE BERGÈRE 20, A PARIS. — 19730-9.

www.ingramcontent.com/pod-product-compliance
Ingram Content Group UK Ltd.
Pitfield, Milton Keynes, MK11 3LW, UK
UKHW012255240726
13966UKWH00004B/1418

9 782013 366588